食べもの はかせに なろう！①

豆から
つくる 食べもの

監修：石谷孝佑

この本の使い方

この本では、豆からつくるいろいろな加工食品をとりあげ、種類やつくり方、由来などを紹介しています。すがたを変えてわたしたちの食卓にあがっている食べもののことを、ぜひこの本を使って調べてみてください。

見出し
大豆、いろいろな豆など、全体を原料で分けて見出しをつけました。

ふきだしコラム
加工食品や「できるまで」の工程について、よりくわしく解説しています。

おもな原料
おもに使われている原料を、アイコンでしめしています。

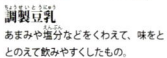

できるまで
加工食品ができるまでの工程を紹介しています。

コラム
伝統的なつくり方や、関連のあるおもしろい情報などを紹介しています。

参照ページ
「☞」のあとのページは、参考になるほかのページをしめしています。

食べもの はかせに なろう！❶ 豆から つくる 食べもの

もくじ

豆のひみつ …………………………… 4

大豆からつくる食べもの
　みそ ……………………………………… 6
　しょうゆ ……………………………… 10
　豆乳 …………………………………… 14
　ゆば …………………………………… 15
　とうふ ………………………………… 16
　なっとう ……………………………… 20

知っておこう❶
　アジアの大豆食品 …………………… 24
　大豆油 ………………………………… 26
　きな粉 ………………………………… 28
　大豆の大変身 ………………………… 29

いろいろな豆からつくる食べもの
　豆板醤 ………………………………… 30
　春雨（緑豆春雨） …………………… 31
　いり豆 ………………………………… 32
　ピーナッツバター …………………… 33
　豆菓子 ………………………………… 34
　あん …………………………………… 35
　煮豆 …………………………………… 37

知っておこう❷
　豆を使った郷土料理 ………………… 40

知っておこう❸
　世界の豆料理 ………………………… 41

豆でつくってみよう
　つくってみよう❶
　　乾燥豆の使い方 …………………… 42

　つくってみよう❷
　　豆乳とおからとゆばをつくろう …… 43

　つくってみよう❸
　　なっとうをつくろう ……………… 44

　つくってみよう❹
　　つぶあんをつくろう ……………… 45

さくいん ………………………………… 46

豆のひみつ

豆はそのまま食べることは少ないかもしれませんが、みそ、しょうゆ、とうふなど、さまざまな食品にすがたを変え、わたしたちの口に入っています。豆にはどんな種類があって、どうやってわたしたちが食べているものになるのかを見てみましょう。

いろいろな豆

食用となる豆は70種類ほどですが、そのうちわたしたち日本人がふだんよく食べている豆を紹介します。

豆の栄養

どの豆にも、たんぱく質、でんぷん（炭水化物）、ビタミン類、食物繊維がふくまれています。その中でも、たんぱく質を多くふくむ大豆、そら豆、でんぷんを多くふくむあずき、ささげ、いんげん豆、えんどう豆、そら豆、油分を多くふくむ大豆、落花生など、豆ごとに特徴があります。

大豆

- **大豆（黄大豆）** たんぱく質と油分が多く、みそ、しょうゆ、とうふ、大豆油などさまざまな大豆加工食品になる。

- **黒大豆** 黒い大豆。おせち料理の黒豆などになる。

えんどう豆

- **青えんどう豆** 煮豆にしたり、うぐいすあんの原料になる。

- **赤えんどう豆** みつまめなどの材料になる。

食べられる豆になるまで

豆類は、もともとは植物の種です。豆がどのように生長し、わたしたちが食べる豆になるのか、大豆を例に見てみましょう。

① 生長

5～6月に種がまかれ、5か月ほどかけて生長する。さやがだんだんとふくらんでくる。

まだ熟していない大豆。これをさやごとゆでて食べるのが枝豆。

大豆のような豆科の植物の根には根粒菌という微生物がいて、植物の生長に必要な窒素という成分を空気中からとりこんでくれる。そのため、栄養分の少ない土でも育つことができる。

② 成熟

さやがふくらんで1か月ほどたった11月ごろ、葉は黄色くなって落ち、さやは緑色から茶色になって、成熟する。

成熟したようす。

さやの中の大豆のつぶ。

あずき

でんぷんを多くふくみ、あんなどになる。赤飯に入れることもある。

そら豆

たんぱく質とでんぷんを多くふくみ、豆板醤の原料になる。いり豆や甘なっとう、煮豆などにもなる。

落花生

油分を多くふくみ、ピーナッツバターやいり豆などのほか、落花生油にもなる。千葉県で生産がさかん。

ささげ

あずきのかわりに赤飯に入れたり、あんやお菓子などになる。

いんげん豆

● 金時豆

赤いいんげん豆。煮豆や甘なっとうになる。

● うずら豆

皮のもようがうずらのたまごに似ているのでこうよばれる。煮豆や甘なっとうなどになる。

● とら豆

やわらかく、煮豆になる。

● 大福
白いんげん豆の一種。つぶが大きく、煮豆、甘なっとう、白あんなどになる。

緑豆

でんぷんを多くふくみ春雨の原料になる。日本ではもやしの原料として利用される。

この乾燥豆が、さまざまな加工食品に使われる！

乾燥し保存できる状態になった豆。

大豆を枝ごと脱穀機に入れていく。枝や、からになったさやは飛ばされ、大豆のつぶがふくろにたまる。

シートに広げ、野外で天日に当てる。

❸ 収穫・脱穀
成熟した状態でほうっておくと、さやがはじけて中のつぶが落ちてしまうので、その前に収穫する。かまで刈った大豆を脱穀機に入れ、大豆のつぶをとりだす。

❹ 乾燥
1週間ほど天日に当てて、豆にふくまれる水分をとばし、乾燥させる。そのあと、ごみや小さなつぶなどをとりのぞく。

こうじ菌の力を利用した
みそ

●おもな原料
大豆　米　麦　食塩　こうじ菌

みそは、蒸した大豆にこうじと食塩をまぜ、微生物のはたらきを利用してつくります。中国から伝わったようですが、保存がきき、大豆の栄養をそのまま食べることができるので、室町時代には兵士の保存食として各地でつくられていました。現在はみそ汁にしたり、調味料として使われています。

みその種類

こうじ菌を、蒸した米や麦、大豆などにつけて生やしたものをこうじといいます。こうじの原料やつくり方がちがうと、みその味や色も変わります。

こうじで分ける

蒸した米にこうじ菌を生やしたものを米こうじ、麦に生やしたものを麦こうじ、大豆に生やしたものを豆こうじといいます。

米みそ
米こうじでつくるみそで、米が多いほどあまくなる。全国のみその8割は、米こうじでつくられている。写真は京都府を中心につくられている西京みそで、米を大豆の倍以上使ってつくる、白くあまいかおりのみそ。

麦みそ
麦こうじでつくるみそで、くわえる食塩の量が少ないため、あまい味のものが多い。写真は九州地方でつくられている薩摩みそで、麦こうじの割合が高く、あまみが強い。

豆みそ
米、麦は使わず、大豆を蒸してつぶし固めたみそ玉に、直接こうじ菌を生やしてつくるみそ。写真は愛知県を中心につくられている八丁みそで、大豆の味が強く残り、わずかにしぶみがある。

色で分ける

大きく分けると、クリーム色の白みそ、あわい黄色の淡色みそ、赤い色の赤みそがあります。この色は熟成期間の長さなどによって変わり、熟成期間が長いほど、色がこくなります。

赤みそ
熟成期間が長い。塩分が多く、辛口みそが多い。写真は宮城県でつくられている仙台みそで、米こうじを使っているがその分量は少なく、あまみは少ない。

白みそ
米こうじを多く使い、熟成期間が短い。写真はおもに香川県でつくられる讃岐みそで、あまみが強い。

淡色みそ
赤みそにくらべ熟成期間が短い。写真は信州みそで、米こうじの分量は少なく、あっさりとした味。全国的につくられ、みそ全体の生産量の3割ほどをしめる。

味は何で決まるの？

それぞれのみそには味のちがいがあり、大きく、あまみの強い甘みそ、ややあまい甘口みそ、塩からい辛口みその3種類に分けることができます。くわえる食塩の量を多くするほど、塩からいみそになります。

コラム おかずになるみそ

肉を食べる習慣がなく、おもに魚介類からたんぱく質をとっていた日本人にとって、大豆のたんぱく質は貴重なものでした。保存性がよく、もち歩くことができたからです。みそも、大豆をおいしく、長期間食べるための工夫のひとつ。たいせつなおかずの1品として、野菜や魚介類をくわえたものもあります。現在でもこれらのみそはなめみそとして食べられています。

金山寺みそ（径山寺みそ）
大豆と麦でつくったこうじに、うり、なす、しょうがなどの野菜と食塩をくわえて発酵させたもの。

鉄火みそ
みそにきざんだごぼう、いった大豆、とうがらしなどをくわえ、練りあげたもの。

米みそができるまで

米みそは米こうじをつくり、それに蒸した大豆と食塩をまぜてつくります。使う米や大豆の量、発酵・熟成の期間によって味が変わってきます。

かために蒸した米。水分が多いとこうじ菌が生えにくい。

こうじ菌の胞子。これを蒸した米にふりかける。

❶ 米こうじをつくる

米を洗い水にひたしたあと、よく水をきってから蒸す。蒸した米を冷まし、こうじ菌をまぜ、温度を30〜40度、湿度を高めに保ったこうじ室で40時間ほどねかせて米こうじをつくる。

こうじ室。菌をつけてから2日目の夜と3日目の朝に、かたまりをほぐして、こうじの温度が上がりすぎないようにする。

❷ 大豆を煮る

大豆をひとばん水にひたしたあと、かまで煮て、やわらかくする。

やわらかくなった大豆。

煮た大豆をかまからとりだす。

❸ まぜあわせる

蒸した大豆を冷ましてすりつぶし、❶の米こうじと食塩をまぜあわせる。まぜあわせてできたものが、仕込みみそ。

機械でペースト状にすりつぶされた大豆に、米こうじをくわえる。

みそのかたさを調節するために水分をくわえる。

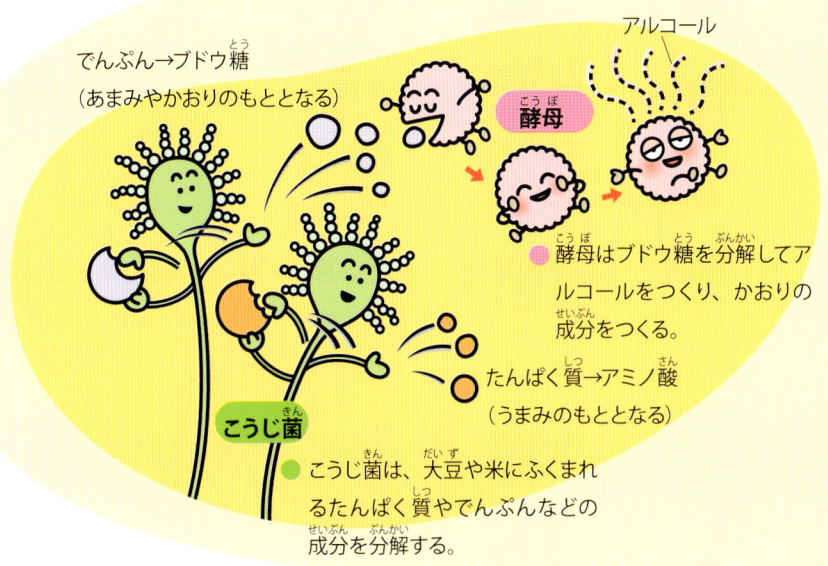

でんぷん→ブドウ糖
（あまみやかおりのもととなる）

アルコール

酵母

- 酵母はブドウ糖を分解してアルコールをつくり、かおりの成分をつくる。
- たんぱく質→アミノ酸（うまみのもととなる）
- こうじ菌は、大豆や米にふくまれるたんぱく質やでんぷんなどの成分を分解する。

こうじ菌

発酵と熟成って？
こうじ菌や酵母などの微生物のはたらきによって、長期間保存できるようになる、栄養価が高まる、うまみがくわわるなどのよい効果をうむことを発酵とよびます。また、微生物が活動しやすい環境でねかせることで、うまみや風味がましていくことを熟成といいます。

❹ 仕込み
仕込みみそを、木おけにつめる。これを仕込みという。

仕込みみそ。表面の白っぽいものは米こうじ。

空気中の雑菌がなるべく入らないよう、足でふみながら空気をぬく。

❺ 発酵・熟成
木おけの中で、こうじ菌や空気中にいる酵母などの微生物のはたらきを利用して、6か月～1年ほど発酵・熟成させる。

ならんだ木おけ。定期的に中のみその発酵・熟成のぐあいをチェックする。

仕込んで2か月ほどたったみそ。白っぽい色をしている。

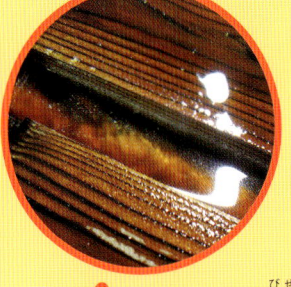

気温が上がり、微生物のはたらきが活発になると、表面に、みそからしみ出た液（みそたまり）がういてくる。

仕込んで10か月ほどたったみそ。熟成がすすみ赤く変化している。

しょうゆ

発酵した大豆と小麦をしぼりだす

●おもな原料

大豆　麦　食塩　こうじ菌

蒸した大豆といった小麦、食塩水をまぜあわせ、微生物のはたらきを利用してつくります。古代中国で大豆、小麦、米を食塩につけて保存していた穀醤とよばれるものが、しょうゆの原型といわれています。今ではさまざまな料理に使われ、日本を代表する調味料になっています。

しょうゆの種類

つくり方や味のちがいで、大きく濃口しょうゆ、淡口しょうゆ、溜しょうゆ、再仕込みしょうゆ、白しょうゆの5種類に分けられています。

濃口しょうゆ
江戸時代に関東地方から全国に広がった、色がこくかおりが強いしょうゆ。日本のしょうゆ生産量の8割以上をしめる。

淡口しょうゆ
関西地方を中心に使われる、色やかおりをおさえたしょうゆ。食材の色や風味を生かした料理に使われる。

溜しょうゆ
愛知県を中心につくられるしょうゆ。とろみがあり、大豆のうまみが強い。

淡口しょうゆは塩分が多い？
じつは淡口しょうゆには、濃口しょうゆよりも塩分が多くふくまれています。食塩には微生物のはたらきをゆるやかにする効果があり、淡口しょうゆは食塩を濃口しょうゆより1割ほど多く使うことで発酵をおさえ、色やかおりをうすくしているのです。

再仕込みしょうゆ
完成前のしょうゆに、さらに大豆と小麦をくわえ、ふたたび発酵させてつくる。色、味、かおりが強い。おもに山口県でつくられる。

白しょうゆ
小麦を多く使い、短期間でつくる。かおりが強く、ほとんど色がなく、味はやわらかい。茶わん蒸しや煮もの、きしめんの汁などに使われる。

コラム 何がちがう？ いろいろなしょうゆ

伝統的につくられてきた5種類のしょうゆをもとに、最近では、消費者の要望にあわせて原料を工夫したさまざまなしょうゆがつくられています。

丸大豆しょうゆ
丸のままの大豆を原料につくったもの。ふつうのしょうゆは、油をしぼったあとの脱脂大豆（☞27ページ）を使うことが多い。

有機しょうゆ
農薬や化学肥料を使わないでつくった大豆や小麦だけを原料にしたもの。

減塩しょうゆ
病気で塩分を多くとれない人などのために、塩分をふつうのしょうゆの半分以下におさえたもの。

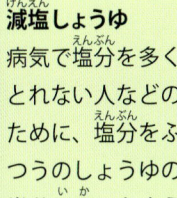

だししょうゆ
かつおぶし、こんぶなどのだしのうまみをくわえたもの。

濃口しょうゆができるまで

こうじ菌などの微生物のはたらきによって、大豆のたんぱく質がうまみを、小麦のでんぷんがかおりを生み、それらが組みあわさって、しょうゆの深みのある味をつくりだします。

❶ 大豆と小麦の下準備

こうじ菌の作用を受けやすくなるよう、大豆は蒸し、小麦はいってからくだく。大豆は油分をぬいた脱脂大豆（☞27ページ）を使うことが多い。

蒸しあがった大豆。脱脂大豆を使うため、形がくずれている。

いってからくだき、細かくなった小麦。

蒸しあがった大豆をかまからとりだす。

こうじ室のようす。台の下から風が送られて、こうじの発酵温度が調整される。

❷ しょうゆこうじをつくる

大豆と小麦、こうじ菌をまぜる。菌がよくはたらくよう、温度が30度、湿度が100%に管理されたこうじ室で3日間ほどねかせて、しょうゆこうじをつくる。

4日目の状態。繁殖したこうじ菌の胞子が大豆と小麦をおおう。この状態をしょうゆこうじとよぶ。

食塩水をまぜあわせる。まぜあわせたものをもろみという。

❸ 仕込み

しょうゆこうじに食塩水をまぜて木おけに入れる。これを仕込みという。

④ 発酵・熟成

こうじ菌のほか、加工場の空気中などにいる酵母や乳酸菌のはたらきを利用して、約2年間発酵・熟成させる。

木おけで熟成させられるもろみ。大豆や小麦のかすがういて表面はどろどろしている。

しぼる直前のもろみ。大豆や小麦の形はほとんど残っていない。

⑤ しぼる

熟成が終わったもろみを布でつつみ、1週間ほどかけて圧さく機でしぼる。しぼった液体は生しょうゆとよばれる。

広げた布に、もろみを流しこむ。そのあと上下左右を折って、つつむ。

布の間から生しょうゆがしみだす。

もろみをしぼる圧さく機。もろみをつつんだ布に、上から圧力をかける。

⑥ 火入れ・びんにつめる

発酵を止め、かおりをつけるために生しょうゆを加熱する。これを火入れという。冷ましてから容器につめる。

できたしょうゆが、びんにつめられていく。

栄養いっぱいのしぼり汁
豆乳

豆乳は、水にひたした大豆をすりつぶし、加熱してしぼったものです。たんぱく質やビタミンB₁などの栄養が豊富ですが、日本では、大豆のくさみをとりのぞく製法がとりいれられるまで、飲みものとしてはほとんど広まりませんでした。現在は、飲みものや料理の材料として多く使われています。

●おもな原料

大豆

豆乳の種類
豆乳のこさによって、3種類に分けられます。

豆乳
あまみやかおりなどをくわえず、豆乳の味をそのまま生かしたもの。

調製豆乳
あまみや塩分などをくわえて、味をととのえて飲みやすくしたもの。

豆乳飲料
調製豆乳より大豆の成分が少なく、果汁などをまぜたもの。

豆乳ができるまで

大豆と水を粉砕機に入れる。この水の量によって豆乳のこさが決まる。

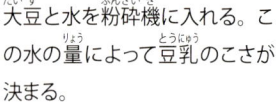

❶ 大豆をすりつぶす
水につけた大豆と水を粉砕機に入れて、すりつぶす。

粉砕機からどろどろした液体が出てくる。この液体を呉という。

おからの利用
おからは独特の風味があり、食物繊維とたんぱく質が豊富です。料理の材料になるほか、家畜のえさにも利用されます。

分離されたおから。

タンクに集められた豆乳。

❷ 加熱・しぼる
殺菌などのため加熱した呉を、しぼるなどして豆乳とおからに分離する。豆乳はタンクに集められ、ふくろにつめられて冷水で冷やされる。

ゆば

あたためた豆乳にうかぶ

豆乳を加熱し、表面にはったうすいまくをすくいとったものです。鎌倉時代に中国から伝わり、江戸時代にはいろいろな種類のゆばがつくられるようになりました。京都府や日光市などが産地として知られています。独特の歯ざわりとかおりがあります。

おもな原料
大豆

ゆばの種類

生ゆばと乾燥ゆばがあります。生ゆばは豆乳からすくいとったそのままのもの。生ゆばを乾燥させて保存できるようにしたものが乾燥ゆばです。

生ゆば

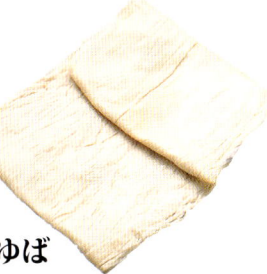

引き上げゆば
豆乳の量が少なめであっさりした味。煮ものや汁ものにする。

くみ上げゆば
豆乳が多く、引き上げゆばよりも味がこい。生のままわさびじょうゆで食べることが多い。

乾燥ゆば

平ゆば（板ゆば）
板状になっており、野菜や肉などを巻くゆば巻き料理に使われる。

巻きゆば

結びゆば **扇ゆば**
平ゆばをいろいろな形にしたもの。煮ものや汁ものなどの具として使われる。

引き上げゆばができるまで

人の手で1枚ずつすくっていく。

すくったゆばは上部につるして豆乳を落とす。

❶ 加熱・すくう
四角く区切られたなべで豆乳を約80度で加熱する。しばらくすると表面にうすいまくがはってくるので、竹ぐしですくっていく。

❷ 豆乳を落とす
つるして余分な豆乳を落としたあと、包装する。

くみ上げゆばのすくい方

引き上げゆばより早い段階でまくをすくい、豆乳を落とさずにそのまま包装します。

つくってみよう！
「豆乳とおからとゆばをつくろう」
☞ 43ページ

大豆のたんぱく質がつまった とうふ

とうふは豆乳を固めたもので、日本食を代表する食べもののひとつです。奈良時代、僧たちの間で食べられていたものが、室町時代に庶民の間に広まりました。大豆のたんぱく質が消化吸収のよい形で入っており、くせがないので今では世界中で食べられています。

● おもな原料
大豆　凝固剤

とうふの種類

豆乳の濃度や固める方法のちがいによって分けられ、それぞれやわらかさや味わいにちがいがあります。

やわらかい

寄せどうふ
おけなどに入れてそのまま固めたもの。おもしをしないので水分が多く、やわらかい。おぼろどうふともよばれる。

きぬごしどうふ
こい豆乳を型に入れ、おもしをしないで固めるので、水分が多く、やわらかい。名前は、きぬでこしたようになめらかという意味で、実際にきぬでこしてはいない。

もめんどうふ
もめんの布をしいた型に入れ、おもしをして固めたもの。もめんの布目が表面につくので、この名前でよばれる。

かたどうふ
こい豆乳を使い、重いおもしを長時間のせて固めてつくる、とてもかたいとうふ。

かたい

とうふの加工食品

とうふの90%は水分ですが、熱をくわえたり、こおらせたりすることで味が変わり、保存もしやすくなります。そのため、とうふは昔からさまざまな方法で加工されてきました。

こおりどうふ

かためにつくったもめんどうふをこおらせ、乾燥させてつくる。かたく乾燥しているので、ぬるま湯でもどしてから使う。高野どうふ（写真）、凍みどうふが有名。

のき下につるされたこおりどうふ。昔は、寒い地方で冬に水をきったとうふを屋外に15日ほど干してつくっていた。今ではおもに工場でつくっている。

焼きどうふ

もめんどうふを焼いてこげめをつけたもの。味がしみこみやすく、形がくずれにくい。すき焼きや田楽などに使われる。

焼く / **こおらせる・乾燥させる** / **あげる**

がんもどき（ひりょうず）

とうふに野菜のみじん切りやごまなどを入れ、やまいもをくわえて練り、二度あげしたもの。煮ものやおでんなどに使われる。

生あげ（厚あげ）

もめんどうふを180度くらいの油であげたもの。内がわは生のとうふの状態。煮ものやおでんなどに使われる。

油あげ（あげどうふ・うすあげどうふ）

もめんどうふをうすく切り、低温と高温の油で二度あげしたもの。みそ汁、煮もの、いなりずしなどに使われる。

二度あげでつくる油あげ

約120度の低温の油で全体をのばすようにあげる。

そのままではちぢむので、約180度の高温の油でもう一度あげ、のびた状態で固める。

もめんどうふができるまで

水につけてやわらかくした大豆をすりつぶし、水と熱をくわえることで大豆のたんぱく質が水にとけだします。その成分を固めるので、とうふは栄養満点の食品です。

① すりつぶす

やわらかくするため水につけておいた大豆を、すりつぶす。すりつぶしてどろどろになったものを呉とよぶ。

水につけた大豆。

水をくわえながらすりつぶす。機械の下から出ている白い液体が呉。

大豆をすりつぶしてできた呉。

かまの中を通して加熱する。

② 呉を加熱する

豆乳をつくるため、かまにうつし、90〜100度で5分ほど加熱する。

タンクの中の豆乳。

しぼり機の下から出てきたおから（☞14ページ）。

③ 豆乳をしぼる

加熱した呉をしぼり機でしぼり、豆乳をつくる。豆乳はタンクに送られる。

コラム　とうふでないとうふ？

たまごどうふ、ごまどうふなどは、見た目が似ているため「とうふ」とよばれますが、大豆は使われていません。たまごどうふは、といたたまごに調味料などをくわえて蒸したもの。ごまどうふは、すりつぶしたごまにでんぷんなどをまぜ、型に入れてから加熱して、固めたものです。

たまごどうふ。

型にうつし、くずして均一にする。

❺ 型にうつす
穴のあいた型にもめんの布をしき、一度固まったとうふを入れる。

強くおすほど多く水分がぬけ、かたくなる。

❻ 水分をぬく
とうふを均一にしたあと布でおおい、ふたをする。プレス機で上からおし、型の穴から水分をぬいて固める。

豆乳タンクに凝固剤を入れ、かきまぜて 20〜30 分すると、固まってくる。

❹ 固める
豆乳に凝固剤をくわえてまぜ、固める。

凝固剤って何？
液体やクリーム状のものを固めるはたらきのある添加物を、凝固剤といいます。とうふの凝固剤には、おもに海水から塩をとった残りのにがい液「にがり（苦汁）」が使われています。

形がくずれないよう、クッションがわりに水を入れる。

❼ 水にさらす・容器につめる
固まったとうふを、温度を下げるために水そうで水にさらす。そのあと、専用のカッターで切り、容器につめていく。

なっとう
ねばねばと糸をひく日本独特の食品

蒸した大豆になっとう菌をつけて、発酵させてつくります。日本で生まれた食品と考えられ、関東より北で多く食べられていましたが、今では全国に広まっています。大豆の栄養がなっとう菌のはたらきで消化吸収されやすくなったすぐれた食品です。

● おもな原料
大豆　なっとう菌

なっとうの種類

なっとうは、ねばねばと糸をひくため、糸ひきなっとうともよばれます。大豆を丸のまま使ってつくるつぶなっとうと、小さくわった大豆を使ってつくるひきわりなっとうがあります。

ひきわりなっとう
大豆をいって小さくわってからつくられる。つぶなっとうより発酵が早く、味がこく消化がよい。

つぶなっとう
大豆のつぶの大きさによって大つぶなっとう、中つぶなっとう、小つぶなっとうなどにわけられる。

●大つぶなっとう

●中つぶなっとう

●小つぶなっとう

表面の白いものは何？
全体に白いもの、まばらに白いもの、どれもなっとう菌が集まったものです。白いものが鮮明なほど新しく、品質がよいものになります。

なっとうの加工食品

なっとうを加工することで、長期間保存したり、ちがう味を楽しんだりすることができます。いろいろな地域で伝統的につくられています。

糸ひきなっとうに食塩などをくわえ、布の上にならべて干す。3日間天日で干したあと機械で乾燥させる。

干しなっとう
糸ひきなっとうを干して保存食にしたもの。食塩をふって、米粉や小麦粉などをまぶし、天日や機械で干す。各地で伝統的につくられている。

五斗なっとう（雪わりなっとう）
山形県米沢地方でつくられる伝統的な食品。ひきわりなっとうに、こうじ菌と食塩をくわえ、1～3か月発酵・熟成させたもの。

コラム こうじ菌でつくるなっとう

なっとう菌を使わず、こうじ菌を使ってつくるなっとうもあります。こうじ菌で発酵させた大豆を食塩水につけて熟成させ、天日で干してつくるもので、塩辛なっとう、寺なっとうなどとよばれます。黒っぽい色で塩からく、みそのような風味があります。中国の調味料のトウチ（☞24ページ）とつくり方が似ており、中国から伝わったと考えられています。

大徳寺なっとう
京都府の大徳寺の門前でつくられはじめた。みそのような風味で、つまみとして食べられる。

浜なっとう
静岡県浜名湖近くの寺でつくられていた。味は大徳寺なっとうと似ていて、お茶づけやあたたかいごはんにかけて食べる。

つぶなっとうができるまで

❶ 大豆を水につける

大豆を14時間ほど水につけておく。

水につけた大豆。水温は約17度に保たれている。

❷ 大豆を蒸す・なっとう菌をつける

水をすって2倍くらいの大きさになった大豆を、かまに入れて蒸す。蒸しあがったら、大豆が熱いうちになっとう菌をふきかける。

蒸しあがった大豆をかまからとりだす。

なっとう菌をふきかける。なっとう菌は蒸留水でうすめられている。

コラム　わらの中にいたなっとう菌

なっとう菌は、土の中にいる微生物で、稲などにつく菌です。昔は、稲わらに蒸した大豆を入れ、そこについているなっとう菌を利用してなっとうをつくりました。1920年代に、このなっとう菌をとりだし、人の手で培養する方法が発明されました。現在、ほとんどのなっとう製造には、培養された菌が使われています。そのため容器もわらではなく、もちはこびしやすい発泡スチロールや紙のものがほとんどです。

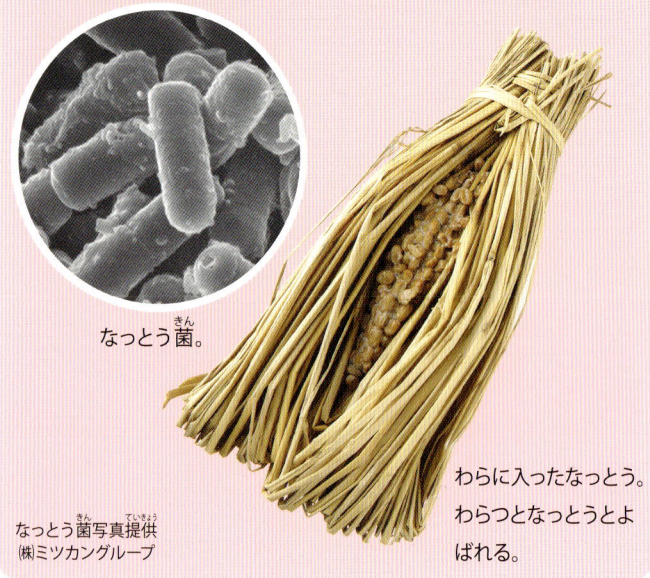

なっとう菌。

わらに入ったなっとう。わらつとなっとうとよばれる。

なっとう菌写真提供
㈱ミツカングループ

❸ 容器につめる

なっとう菌がついた大豆をつめる。

なっとう菌をつけた大豆が冷めないうちに容器につめる。熱いうちに容器につめることで、熱に弱いほかの菌が入ってくるのをふせぐことができる。

炭火をたいて、なっとう菌が活発にはたらくよう酸素の量を調整する。発酵室の中の空気をきれいにする効果もある。

❹ 発酵・熟成

大豆をつめた容器を発酵室に入れ、36～38度で15時間ほど発酵させる。そのあと冷蔵庫にうつし、2～5度の低温で30時間ほど冷やして熟成させる。

❺ 包装・出荷

できあがったなっとうにラベルをつける。流通にかかる時間など、発酵のすすみぐあいを考え賞味期限がつけられ、10度以下の冷蔵状態で出荷される。

穴があいているのはなぜ？

ねばねばしたなっとうを容器に入れるのはたいへんなので、まず大豆となっとう菌を容器に入れ、それから発酵させます。空気にふれないと発酵がすすまないため、容器に穴があいているのです。

つくってみよう！
「なっとうをつくろう」
☞ **44**ページ

なっとうの賞味期限はどれくらい？

なっとうの容器の中ではなっとう菌が生きているので、10～15度以上の温度で長時間おいておくと、なっとう菌が繁殖しすぎ、アンモニアのいやなにおいが発生し、糸のひきが弱くなり、味もまずくなります。なっとうの賞味期限はなっとうが発酵しすぎない期限なのです。

知っておこう❶ アジアの大豆食品

大豆は、今から5000年前ごろに中国大陸で最初に栽培され、そのあと約2700〜2300年前にかけて、日本をふくめたアジア各地に広がっていったと考えられています。そのままでは消化しにくい大豆を食べるために、みそやとうふ、しょうゆのような食品が、アジア各地でつくられています。

中国

●ジャンヨウ（醤油）
中国のしょうゆ。熟成期間が短く、日本のしょうゆとみその中間的な味。

●チョウドウフ（臭豆腐）
発酵した食塩水に、とうふをつけこんだもの。強れつなくさみがある。油であげて食べることが多い。

●フールー（腐乳）
とうふにカビをつけて塩づけにしたあと約半年間発酵・熟成させたもの。こくがあり、塩からい。いためものなどに調味料として使われる。別名ジャンドウフ。

●トウチ（豆豉）
蒸した大豆を発酵させ、それに食塩をくわえ容器に入れて熟成させたもの。日本の塩辛なっとうの原型。

●トウチジャン（豆豉醬）
トウチを細かくきざみ、にんにくや油などをくわえてみそ状にしたもの。

ネパール

●キネマ
煮た大豆をつぶして木の葉でつつんで2〜3日発酵させたもの。日本のなっとうのように、糸をひく。乾燥させて焼いて食べる。

●トウフカン（豆腐干）
かためにつくったとうふを厚さ1〜2cmに切って、調味して乾燥させたもの。お茶の汁などにつけこみ、調味料をくわえて味つけしたものが多い。

●バイイエ（百頁）
とてもうすい黄色いとうふ。細く切っていためものや汁ものに入れる。

大豆油

豆からとれる食用油

豆の中でも油分が多い大豆からは、油をとりだして使うことができます。大豆油は日本でもっともよく使われている植物油のひとつで、日本で消費される大豆の80%近くが大豆油の原料となっています。天ぷら油、サラダ油として利用されたり、マーガリンやドレッシングの原料にもなっています。

● おもな原料
大豆

コラム いろいろな植物油

大豆のほかにも、いろいろな植物の種や実から油をとりだすことができます。バターやラードなどの動物からとれる油にくらべ、健康によくない成分が少ないことから、体によい油として広く利用されています。

ごま油
こうばしくて、こくがある。

原料のごまの種。（黒ごまの種を使うこともある。）

なたね油
かおりがよい。サラダ油に加工されるものが多い。

原料のアブラナの種。

コーン油
あっさりとしていて、あげものの油に適している。

原料のとうもろこしのつぶ。

米油
熱をくわえても悪い成分をつくりにくいので、スナック類をあげる油に使われている。

原料の米のぬか。

落花生油
こうばしく、かすかにあまい。中華料理でよく使われる。

原料の落花生の種。

オリーブ油
独特のかおりがあり、西洋料理でよく使われる。

原料のオリーブの実。

大豆油ができるまで

大豆にふくまれる油分は乾燥大豆100g中に20gていどなため、効率よくとりだすために、油分をとかしだす液体を使うことが多くなっています。

① 油をとかしてとりだす
くだいておしつぶした大豆に、油分をとかしだす液体をくわえると、大豆油をふくんだ液ができる。これを加熱し油分をとかしだす液体を蒸発させ、油だけをとりだす。

② きれいな油にする
油として必要のない成分、色やにおいなどの不純物をとりのぞく。

脱脂大豆のゆくえ
油をとりだしたあとの大豆かすは脱脂大豆といい、たんぱく質など、豊富な栄養が残っています。そのため、油を必要としないしょうゆやみその原料や、家畜の飼料の原料などに利用されます。

脱脂大豆。

ごま油ができるまで

ごまの種100g中に油分が約50gもふくまれ、種が小さいこともあり、今でも石うすを使って直接しぼりだす伝統的な方法がおこなわれています。

① 乾燥させる
さやをとったごまの種を乾燥させる。

むしろに広げ、天日に当てる。

② すりつぶす
乾燥させたごまをかまでいったあと、油が出やすいようすりつぶす。

ローラーですりつぶす。

③ 油をしぼりだす
すりつぶしたごまを蒸したあとおけに入れ、石うすの重みでごまをつぶし、油をしぼりだす。

ごまを入れたおけを石うすの下に置く。

④ きれいな油にする
しぼった油の上ずみ液だけをろ過し、にごりのない油にする。

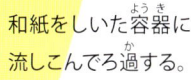
しぼりだされた油。

和紙をしいた容器に流しこんでろ過する。

大豆の栄養がとれる粉
きな粉

きな粉は、大豆をいって粉にしたものです。熱をくわえ、粉にすることで消化がよくなります。大豆のたんぱく質や食物繊維などをとりいれながら、こうばしいかおりを楽しむことができます。

● おもな原料

大豆

きな粉の種類

大豆（黄大豆）からつくるきな粉、青大豆からつくるうぐいすきな粉、黒大豆からつくる黒豆きな粉があります。

うぐいすきな粉

青大豆。

きな粉

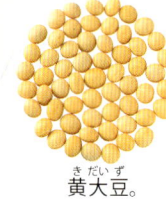
黄大豆。

黒豆きな粉／黒大豆。

きな粉を使った食品

安倍川もち
つきたてのもちに、きな粉と砂糖をまぶしたもの。静岡市の名物で、名は徳川家康がつけたといわれている。

うぐいすもち
もちであんをくるみ、うぐいすきな粉をまぶしたもの。鳥の形に似せて、はしを少しすぼめてある。

五家宝
もち米でつくった芯に、きな粉を水あめなどでこねた生地を巻きつけ、さらに表面にきな粉をまぶしたもの。

きな粉ができるまで

① いる
大豆を焙煎機で、約10分間いる。
小さな穴からふきあげる熱風でいる。

② くだく
熱をもつと大豆の品質が悪くなってしまうため、冷ましながら粉砕機でくだき、包装して出荷する。
粉砕機。

コラム
きな粉と大豆粉はちがう？
きな粉は大豆をいって粉にしたものです。大豆粉は生の大豆のうす皮をとり、熱をくわえずに粉にしてつくります。

大豆粉でつくった生地に、ドライフルーツをくわえて焼いた食品。

そら豆とこうじ菌でつくる 豆板醬(トウバンジャン)

そら豆をみそのように発酵させてつくる調味料です。中国の調味料のひとつで、中国ではからくないものもありますが、日本では、とうがらしを入れたからいものがつくられています。マーボーどうふなどの中華料理に使われます。

● おもな原料

 そら豆　 麦　 食塩　 とうがらし　 こうじ菌

とうがらしの入った豆板醬。

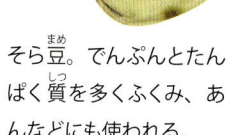
そら豆。でんぷんとたんぱく質を多くふくみ、あんなどにも使われる。

コラム　昔ながらの豆板醬づくり

昔ながらの方法では、そら豆こうじなどの材料をつぼに入れて、ゆっくりと自然の中で熟成させます。酵母は空気中から自然につくものを利用します。雨の日はつぼのふたをしめ、晴れの日はふたをあけて日に当てるなどの管理をしながら、発酵後少なくとも1～2年間は熟成させます。

微生物が活発にはたらくよう、まぜあわせて空気を入れる。

いろいろな豆

豆板醬(トウバンジャン)ができるまで

40kgのそら豆をむくのに、10人で丸1日かかる。

❶ 皮をむく
ゆでたそら豆の皮を、手作業でむく。

そら豆にこうじ菌と小麦粉をまぜる。

❷ そら豆こうじをつくる
皮をむいたそら豆に、こうじ菌と小麦粉をくわえ発酵させる。2日ほどすると、そら豆こうじができる。

この工場では、みそをまぜペースト状にする。

❸ まぜる・発酵・熟成
そら豆こうじに食塩ととうがらしをまぜてペースト状にし、空気中の酵母のはたらきを利用して半年間ほど発酵・熟成させる。熟成を早めるため、酵母をふくむみそをくわえることもある。

豆からできるめん
春雨（緑豆春雨）

緑豆からつくったでんぷんを細いめんにして乾燥させた春雨は、アジアで広く親しまれている食品です。小麦粉を使っためんよりカロリーが低く、食物繊維を多くふくむので、健康食品として人気があります。7世紀に日本に伝えられたといわれていますが、原料の緑豆が日本では育ちにくいため、おもに中国でつくられたものが輸入されています。

おもな原料
緑豆

緑豆。でんぷんが多くふくまれ、中国ではあんにも使われる。

春雨。乾燥しているので、水やお湯でもどしてから料理に使う。

春雨ができるまで

日本でつくる春雨は、緑豆ではなく、さつまいもやじゃがいもなどからとりだしたでんぷんを使います。つくり方は緑豆を使ったものと同じです。ここでは、日本でつくられている、いものでんぷんを原料とした春雨ができるまでを紹介します。

● 緑豆からつくったでんぷん。

● いもからつくったでんぷん。

❶ でんぷんをめんにする

いものでんぷんに熱湯をくわえてこね、小さな穴のあいた容器に流しこむ。穴からおしだされたでんぷんが熱湯の入ったかまに落ち、ゆであがり、めんになる。

穴からおしだされてかまに落ちる、糸状になったでんぷん。

天日干しされる春雨。めんどうしがくっつかないように分けて干す。

❷ 冷凍・乾燥

めんを冷凍庫につるし、2日間かけてこおらせる。こおらせたものを解凍してめんの中の水分をぬき、さらに天日で乾燥させる。

おやつにもなる保存食
いり豆

豆をいって水分をとばしたものです。長く保存できるようになるだけでなく、こうばしくなり、そのまま食べることができます。

おもな原料

いろいろな豆

いり豆の種類

豆をそのままいったものと、塩味などの味をつけたものがあります。

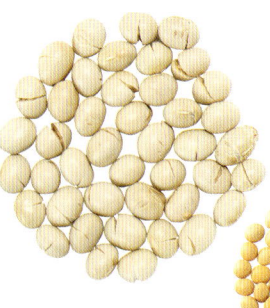

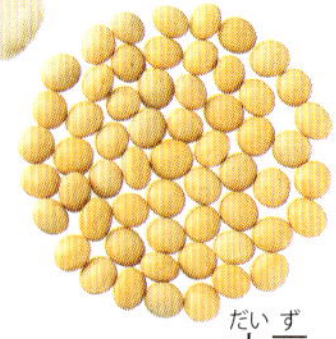

大豆のいり豆
いっただけのものが多い。節分の豆まきでも使われる。

大豆。

そら豆のいり豆
いっただけのものと塩味をつけたものがある。

そら豆。

いろいろな豆

落花生のいり豆
さや(から)つき、さやなしの皮つき、皮もむいたものなどがある。皮のないものは、バターや食塩で味つけしてあることが多い。油であげたものもある。

さやつき。　原料の落花生。　さやなしの皮つき。　皮なし。塩味がつけられている。

さやつき落花生のいり豆ができるまで

写真提供：千葉県生産販売振興課

いり機。いり機の中では、ドラムが回って豆をいる。

❶ いる
さやつき落花生をいり機に入れ、100度をこえる温度で1時間ほどいる。いり方によって風味が変わるので、いり機から出すタイミングには技術が必要となる。

❷ 乾燥・選別
あみの上に広げて乾燥させる。
いり機から出して乾燥させる。そのあと、機械で風を当ててさやの中がからのものをとばしてとりのぞき、中身がつまっているものだけを選別する。

落花生のうまみと栄養がつまった
ピーナッツバター

油分を豊富にふくむ落花生をいって、細かくくだいてペースト状にしたものです。落花生は英語ではピーナッツとよばれるため、ピーナッツバターという名前で親しまれています。パンにぬって食べたり、あえものなどの料理にまぜたりして、手軽にたんぱく質やビタミンをとることができます。

おもな原料
落花生

糖分を多くくわえ、あまく仕上げたもの。ピーナッツクリームとよばれる。

くだいたピーナッツをくわえたもの。クランチタイプとよばれる。

ピーナッツバターができるまで

人の目でいりかげんをチェックする。

① いる
皮のついた落花生をいり機でいる。一度に30kgほどの量を、180度で20分くらいいる。

皮のむけた落花生が出てくる。

② 皮をむく
脱皮機で皮をむく。一度ではきれいにむけないので数回くり返す。

ねっとりとした状態で出てくる。

③ すりつぶす
落花生を機械に入れてすりつぶすと、ピーナッツバターとなる。

ひとつぶに栄養がつまった豆菓子

● おもな原料

いろいろな豆　調味料

豆菓子は、保存がきくだけでなく、手軽に食べられることから、古くから親しまれてきました。豆の栄養をとることができるお菓子です。

五色豆
いったえんどう豆に、みつをかけ、5色の色をつけたもの。京都府の代表的なお菓子。

豆菓子の種類

みつや砂糖をかけたものや、いったり、油であげて塩味をつけたものが多いです。そのほかおかきやスナック菓子などにも、豆を使ったものがあります。

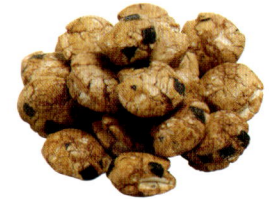

おのろけ豆
いった落花生に、みつ、小麦粉やもち米の粉などをくり返しふりかけ、さらにもう一度いってから、表面をあまからく味つけしたもの。

フライビーンズ
青えんどう豆を油であげて、塩味をつけたもの。そら豆でもつくられる。

● 青えんどう豆の甘なっとう

● 金時豆の甘なっとう

いろいろな豆

甘なっとう
あずき、えんどう豆、そら豆、いんげん豆などをみつにつけてつくる。見た目がなっとうに似ているのでこの名前がついたが、別のもの。

豆スナック菓子
くだいた豆をスナック生地にまぜたお菓子。えんどう豆などが使われている。

● 豆もち　　● 豆おかき

豆もち・豆おかき
もちに豆をつきこんだものが豆もち。それを焼いたものが豆おかき。

甘なっとうができるまで

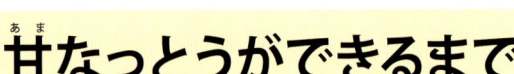

豆にきずがつかないように、かごに入れて煮る。

① 水につける・煮る
豆をやわらかくするため水につけ、そのあと煮る。つける時間、煮る時間の長さによって、豆のやわらかさが決まる。

人の手でみつのしみこみぐあいを調節する。

② みつをしみこませる
やわらかくなった豆を、水あめや砂糖のみつが入ったかまで煮て、みつをしみこませていく。

砂糖をまぶされた豆。

③ 砂糖をまぶす
みつがしみこんだ豆に砂糖をまぶし、乾燥させる。

あまく煮つめられた豆のでんぷん
あん

やわらかく煮た豆にあまみをくわえてつくります。あんとは、もともとまんじゅうなどの中に入れるものをさし、肉や野菜でつくっていました。今のあまいあんは、平安時代、肉を食べることを禁じられた僧たちが、あずきであんをつくるようになったのがはじまりといわれています。

● おもな原料 
いろいろな豆 　砂糖

あんの種類

あずきからつくるあんがもっとも多く食べられていて、そのほかに、白いんげん豆からつくる白あん、青えんどう豆からつくるうぐいすあんがよく知られています。また、豆のつぶや皮の状態で、つぶあん、こしあん、さらしあんの3種類に分けられます。

あずき。

あずきあん（つぶあん）
あずきの皮がやぶれないように煮て、砂糖をくわえて練りあげたもの。豆のつぶが残っている。

あずきあん（こしあん）
あずきを煮たあとつぶして皮をとりのぞき、こして水分をきってから、砂糖をくわえて練りあげたもの。豆のつぶは残っていない。

あずきあん（さらしあん）
こしあんを乾燥して粉状にし、保存できるようにしたもの。使う前には水分をくわえてもどす。

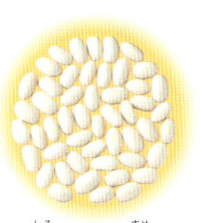

白いんげん豆。

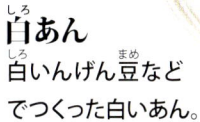

白あん
白いんげん豆などでつくった白いあん。

青えんどう豆。

うぐいすあん
青えんどう豆でつくった緑色のあん。

> **コラム**
> ### あんになる豆、ならない豆
> 豆には、でんぷんが多い豆と、たんぱく質や油分が多い豆の2種類があります。あずき、いんげん豆、えんどう豆、ささげなどはでんぷんの多い豆で、あんをつくることができます。大豆や落花生は、たんぱく質や油分が多く、練ってもねばりがでず、あんにはなりません。

あんを使った食品

ようかん（練りようかん）
こしあんと砂糖、とかした寒天を煮つめて、細長い型に入れて固めたもの。あずきや栗などを入れることもある。

あんパン
明治時代、日本で生まれたパン。西洋からきたパンと日本のあんを組みあわせた。うぐいすあんを入れたものはうぐいすあんパンとよばれる。

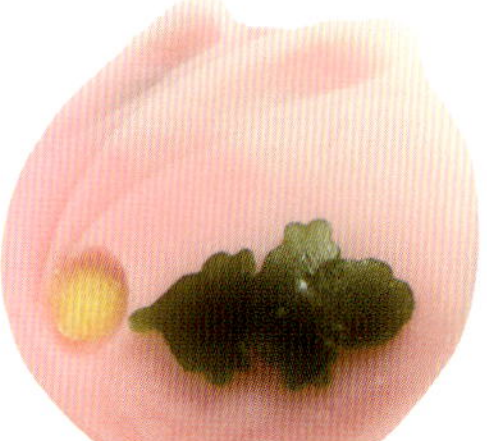

練りきり
白あんに小麦粉ややまいも、ぎゅうひ（白玉粉に砂糖、水あめをくわえて練ったもの）などを入れて練ったもの。食紅などで色をつけ、さまざまな形に仕上げる。

まんじゅう
小麦粉または米粉などからつくった生地で、あんをつつんで、蒸すか焼くかしたもの。

桃山
白あんに、水あめ、もち米の粉などを入れて焼いたもの。その中にさらに白あんを入れたものが多い。

つぶあんができるまで

「あく」ってなに？
豆や野菜などにふくまれる、しぶみやにがみのことです。あくをとらずに調理すると、料理ににがみが残るので、一度煮て食材にふくまれるあくを出し、とりのぞきます。

① 選別
つぶを残すつぶあんは、豆の品質があんの品質に大きく影響するので、つぶの大きいものやきずのないものを選ぶ。

選別のようす。

② 煮る
なべに入れて煮る。あずきがふくらみ皮がのびたところで、あくが出た煮汁を捨てる。もう一度水を入れ、豆がやわらかくなるまで煮る。

選別されたあずきに、水をくわえて煮る。

③ 練る
煮たあずきに砂糖を入れ、熱をくわえながら練りあげる。できあがったあんは、糖度（あまさ）、かたさ、色などがチェックされる。

機械の中のへらが回転して練りあげる。

できあがったあん。

つくってみよう！
「つぶあんをつくろう」
☞ **45ページ**

煮豆

あまく煮てやわらかい

豆を煮てやわらかくして、味をつけたものです。たんぱく質やビタミンなどの栄養をたくさんふくむ豆を、丸ごと食べることができます。お正月に食べるおせち料理には、「今年もまめに（健康に）いられるように」との願いをこめて、あまく煮た黒豆が入ります。

おもな原料：いろいろな豆、調味料

煮豆の種類

豆にふくまれる糖分を生かし、あまく味つけしたものが多いですが、あまさをひかえ食塩やしょうゆで味つけしたり、ほかの食材をくわえたものもあります。

黒豆
黒大豆をあまく煮たもの。おせち料理で多く食べられる。京都府丹波市の黒豆が有名。
（黒大豆。）

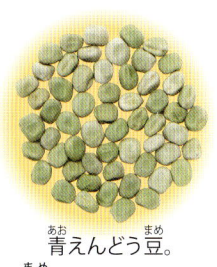

うぐいす豆
青えんどう豆をあまく煮たもの。きれいなうぐいす色になる。
（青えんどう豆。）

白花豆
いんげん豆のなかまの白花豆をあまく煮たもの。
（白花豆。）

うずら豆
いんげん豆のなかまのうずら豆をあまく煮たもの。あまい煮豆としていちばん多く食べられている。
（うずら豆。）

おたふく豆
大つぶのそら豆を、皮をつけたまま黒砂糖で煮て、黒く仕上げたもの。豆の形がおたふくの顔に似ているといわれている。
（そら豆。）

煮豆ができるまで

豆が均等にやわらかくなるよう、小さく四角く区切られたあさい水そうに入れる。

❶ 水につける・煮る
豆を8時間ほど水につけてやわらかくする。そのあと、水で煮てあくをとりのぞく。

煮汁をきって、豆をとりだす。

❷ 味をつける
煮てやわらかくなった豆を一度とりだし、砂糖やしょうゆなどの調味料でさらに煮こむ。そのあと、ほかの食材をくわえることもある。

人の目でひとつひとつチェックする。

❹ 殺菌・検査
真空包装したものをかまに入れ、高温で加熱殺菌する。そのあと、ふくろにきずがないかなどをチェックし出荷する。

保存期間をのばす工夫
煮豆はそのままでは2〜3日でくさってしまうため、昔は長く保存できませんでした。しかし昭和30年代に、ふくろにつめ、空気をぬいて真空包装し、殺菌する技術が開発され、60日以上保存できるようになりました。

コンピューターでつぎつぎと自動的に計量される。

❸ 計量・つめる
煮あがったものの品質を確認したあと計量し、真空包装する。

いろいろな豆

豆のかんづめなど

豆を水でもどして煮るのは時間がかかります。そこで、最近は料理にすぐに使えるよう、すでに煮たり調理されたりしたものが売られています。真空包装品よりさらに保存性を高めた、かんづめなどの容器に入れられたものが人気です。

水煮

ゆでた豆を味をつけずにかんづめなどの容器につめ、そのまま料理に使えるようにしたものです。

水につかった状態で保存されている。最近は水を入れず、真空状態で保存されたドライパックかんも増えている。

大豆
煮もの、サラダなどさまざまな料理に。

ミックスビーンズ
大豆、青えんどう豆、ひよこ豆など、いくつかの種類をまぜたもの。サラダ、スープなどの料理に。

グリーンピース
いためものやスープなどの料理に。

あずき
あんなど、和菓子の材料などに。

調理されたもの

ゆでた豆に味をつけたり、ほかの食材とまぜて調理してから、かんづめなどに密封したもの。そのままおかずとして食べるものもあります。

調理された状態で入っている。

ひじき豆
ひじきと豆を煮たもの。

ベイクドビーンズ
肉と豆をトマトソースで煮たもの。

ごもく豆
大豆やひじき、にんじん、こんにゃく、しいたけなどを、しょうゆや砂糖などで煮たもの。

知っておこう❷
豆を使った郷土料理

日本には、地元でとれる豆を使った料理や、地元の名物に豆をくわえた料理などが各地にあります。ここでは、全国の伝統的な豆料理をいくつか紹介します。

いろいろな豆

●**いとこ煮**
あずき、白玉だんご、しいたけなどをだし汁で煮たもの。冷ましてから食べる。この名前の料理は全国各地にあるが、山口県では萩市のものが有名。

山口県

●**しょうゆ豆**
いったそら豆を、砂糖ととうがらしをまぜた、あまからいしょうゆだれにつけこんだもの。

香川県

●**えび豆**
琵琶湖でとれるすじえびと大豆をあまからく煮たもの。「えびのようにこしがまがるまでまめ（健康）にくらせるように」という意味がある。

滋賀県

●**枝豆ごはん**
枝豆をたきこんだごはん。山形県は、だだちゃまめという品種の枝豆の生産がさかん。

山形県

奈良県

●**奈良茶飯**
番茶でたく茶飯に、いっしょに大豆をたきこんだもの。しょうゆで味をつける。

山梨県

●**あずきほうとう**
郷土料理のほうとう（小麦粉でつくったひらたいめん）の一種で、あずきでつくったしるこにほうとうを入れたもの。お祭りのときなどに食べる。

千葉県

●**落花生おこわ**
もち米にゆでた落花生を入れ、しょうゆと水をくわえて蒸したおこわ。

栃木県

●**しもつかれ**
いった大豆やすりおろしただいこん、にんじんなどの野菜と塩づけした魚のさけを、酒かすと酢で煮たもの。茨城県などでもつくられ、地域によってつくり方がちがう。

知っておこう❸
世界の豆料理

日本やアジアだけではなく、豆料理はアメリカやヨーロッパ、アフリカなど、世界中で食べられています。国によって異なる豆の種類や調理法を、見てみましょう。

●ベイクドビーンズ
白いんげん豆の一種を、トマトソースで煮こんだもの。トーストにのせたり、たまご料理やソーセージなどといっしょに食べる。かんづめで売られていて、手軽に食べられる。

イギリス

●フムス
ゆでたひよこ豆に、にんにく、練りごま、オリーブ油、レモン汁などをくわえたもの（写真左）。トルコやイスラエル、イラクなどの中東の広い地域で食べられている。

ひよこ豆

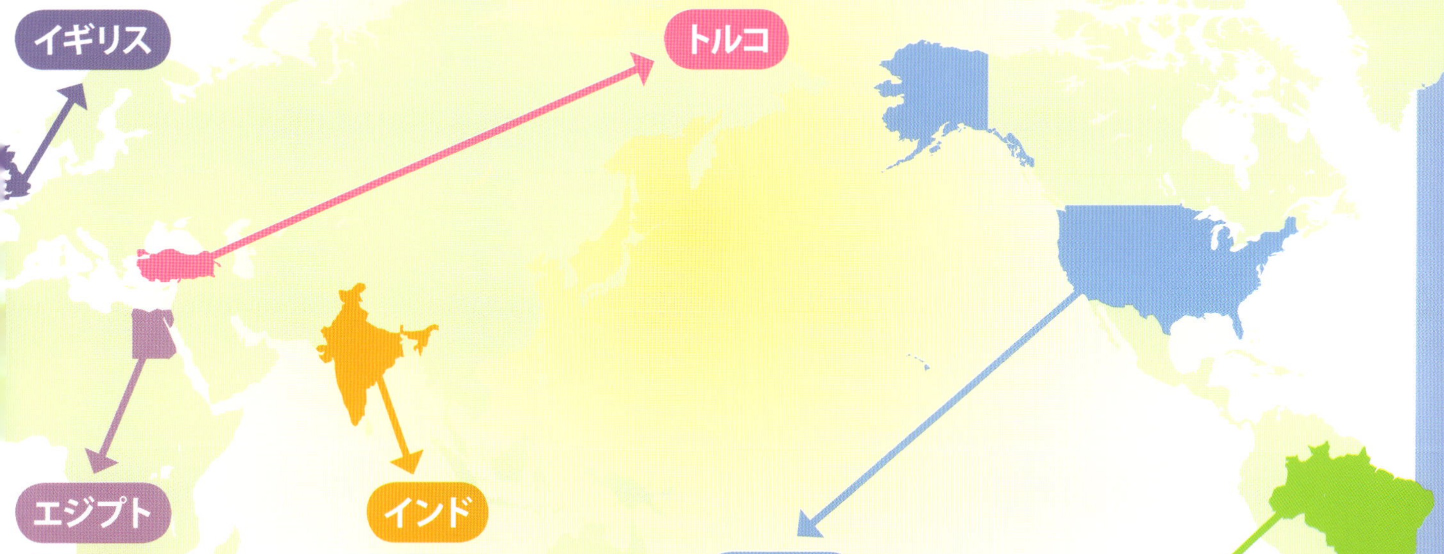

トルコ

エジプト

インド

アメリカ

ブラジル

●コシャリ
米やパスタに、ゆでたレンズ豆やひよこ豆をまぜ、トマトソースとあげたたまねぎをかけたもの。屋台などでも食べることができ、広く親しまれている。

レンズ豆　ひよこ豆

●ダルカリー
「ダル」は、ヒンディー語で豆のこと。レンズ豆やひよこ豆などでつくるカレー。地域によって、スープのようなもの（写真）と、ほとんど水分がないものとがある。

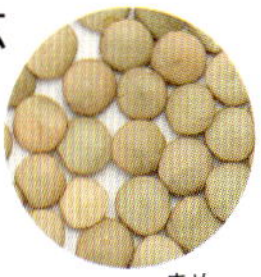

●チリコンカーン
テキサス州のメキシコに近い地域で生まれた料理。いんげん豆を煮たものにひき肉、たまねぎ、トマト、チリパウダーなどをくわえてさらに煮こむ。

●フェジョアーダ
代表的なブラジル料理のひとつ。黒いんげん豆を肉やソーセージなどといっしょに煮こみ、食塩、にんにく、こしょうなどで味をつける。

豆でつくってみよう

豆を使った調理を通して、食材がすがたを変えるようすを体験しよう！

つくってみよう ❶

乾燥豆の使い方

乾燥豆はそのままでは料理に使えません。料理に使うためには、まず水でもどして、下ゆでをする必要があります。ここでは、乾燥大豆の下ごしらえのしかたを紹介します。

材料
乾燥豆（ここでは乾燥大豆を使用）

道具
ざる　ボウル　なべ　おたま

みだしなみ

- かみの毛が出ないように、三角きんをかぶる。
- 長いかみの毛は落ちないようまとめる。
- ぬらさないよう、服のそでをまくっておく。
- せっけんで手を洗う。指やつめの間、手首もわすれずに。
- かさばらず、燃えにくい素材のエプロンを身につける。

❶ 水で洗う
豆をボウルに入れ、われた豆などをとりのぞいてからたっぷりの水を入れ、かきまぜながらよく洗う。水をかえて2～3回くり返す。水面にういた豆もとりのぞく。

❷ 水につける
洗った豆をボウルに入れ、豆の4倍の量の水を注ぐ。水につける時間は6時間ていど。あずき、ささげなら水につけずにそのままゆでる。

❸ 火にかける
もどした豆と水をなべに入れ、ふたをせずに中火～強火にかける。ふっとうしてきたらそのまま数分煮て、冷たい水をたす。たす水の量は、豆の量の半分ていど。

❹ あくをとる
また煮たったら、ういてきたあくをおたまなどでとりのぞく。

❺ ゆであげる
弱火にして煮る。水分が蒸発して豆がお湯から出ないように、水をたしながらゆでる。指でおしてつぶれるくらいになるまでゆでる。

ゆでた豆の保存のしかた

● 冷蔵庫で保存
ゆでた豆を数日間保存したいときは、プラスチック製の封のできる容器や、ふたつきのガラスびんなどに入れて冷蔵庫で保存します。夏なら2～3日、冬なら5～6日で使いきってください。

● 冷凍庫で保存
ゆでた豆を長く使いたいときは、封のできる冷凍用のポリぶくろなどに少量ずつ入れて、冷凍庫で保存します。1か月ていどで使いきってください。

つくってみよう❷

豆乳とおからとゆばをつくろう

大豆をすりつぶして、あたためたものをしぼった液が豆乳で、その残りかすがおからです。豆乳をあたためて表面にできたまくをすくいとると、ゆばができます。

材料
乾燥大豆 200g

道具
ボウル　ミキサー　大きめのなべ
木べら　ざる　ガーゼ
さいばし　おたま

❶水で洗う・つける

大豆をボウルに入れ、たっぷりの水を入れてかきまぜながらよく洗う。水をかえて2〜3回くり返す。われた豆や水面にういた豆はとりのぞき、そのままひとばんつけておく。使った水はすてずにとっておく。

❷ミキサーでくだく

ひとばんつけた大豆に1.6ℓの水をくわえ、3回にわけてミキサーに入れて、すりつぶす。2〜3分ほどずつミキサーにかけ、クリームのような状態にする。

❸あたためる

大きめのなべに、❷と、❶のボウルに残った水をくわえ中火で煮る。ふっとうして泡があふれる前に火を止める。泡が落ちついたらこげないようにかきまぜながら強火で7〜8分、さらに弱火で7〜8分ほど煮る。

❹しぼる

ボウルの中に、ざるとガーゼを重ね、そこに❸を流す。熱いので、少し冷ましてから左手でガーゼの口をしめ、右手で木べらを使っておしながらしぼる。しぼりとった液体が豆乳で、残ったものがおから。

豆乳

おから

❺ゆばをすくう

豆乳をなべに入れて火にかけ、ふっとうしたら火を止める。そのまま何もせずに、表面の温度が下がるのを待つ。表面が黄色に変化してきたら、さいばしですくう。表面のまくをすくったものがゆば。豆乳を約80度に保ち続ければ、何枚もゆばがとれる。

ゆば

つくってみよう❸

なっとうをつくろう

大豆と、お店で売られているなっとうを使って、自分でなっとうをつくることができます。なっとうが発酵するようすを観察しながら、手づくりしてみましょう。

材料
乾燥大豆　50g
（つぶが小さいほうが発酵がすすみやすい）
市販のなっとう　数つぶ

道具
なべ（あれば圧力なべ）　ざる　ボウル　ラップ　プラスチック容器　クッキングペーパー　湯たんぽ　タオル　毛布　さいばし

❶大豆を洗う
なるべくつぶのそろった大豆を選び、ざるに入れて水洗いをする。

❷水につける
大豆をボウルにうつし、水を入れてひとばんつけておく。水は大豆の重さの3～4倍ていど。大豆の大きさが2倍にふやけるくらいがめやす。

乾燥大豆。→水でもどした大豆。

❸大豆を煮る
大豆と、つけておいた水をなべに入れて火にかけ、4～5時間ほど煮る。圧力なべなら15～20分ほど煮る。指でつぶれるくらいのやわらかさになるまでがめやす。やわらかくなったらざるにうつし、水分をきる。

❹なっとうをまぜる
❹、❺の作業は、煮た大豆が熱いうちにおこなう。❸をボウルに入れ、スーパーなどで買ってきたなっとうを数つぶ入れる。全体になっとう菌がまわるように、さいばしでよくまぜる。

❺つつむ
熱湯消毒したプラスチック容器にクッキングペーパーをしき、重ならないようにして❹を入れる。大豆の上にもクッキングペーパーをかぶせ、ゆるくラップをかける。

❻発酵させる
容器をタオルでつつみ、湯たんぽの上にのせ、毛布をかけて20時間ほどおき、発酵させる。空気が入るよう容器のふたは少しあけておく。なっとう菌が活発にはたらく40度くらいに保つのがこつ。豆の表面が白くおおわれて、糸をひくようになったら冷蔵庫にうつし、ひとばんねかせたらできあがり。湯たんぽがなければこたつやカイロなどを使ってもよい。

できあがったなっとう

つくってみよう❹

つぶあんをつくろう

あずきの乾燥豆を使って、あんを手づくりしてみましょう。あずきは水でもどさず、すぐに煮はじめます。

材料
乾燥あずき　150g（1カップ）
砂糖　110〜130g
食塩　ひとつまみ

道具
ボウル　ざる　なべ　おたま
木べら　バット　ふきん

❶あずきを洗う・煮る

あずきをボウルに入れ、水を多めにくわえて洗う。ういた豆はとりのぞき、ざるにあげて水をきる。洗ったあずきをなべに入れ、あずきがじゅうぶんにつかる量の水をくわえて強火にかける。煮たってから、4〜5分ほど煮る。

❷あくをぬく・煮る

汁が茶色っぽくなったらざるにあける。たっぷりの水を入れたボウルにざるのあずきを入れ、30秒くらいつける。あずきをなべにもどし、あずきがじゅうぶんにつかる量の水を入れて、ふたたび中火で煮る。指でかんたんにつぶれるようになるのがめやす。

❸砂糖を入れて煮る

煮汁の量が、あずきがぎりぎりひたるくらいになるまで煮つめる。砂糖を入れ、ときどきあくをすくいながら、さらに中火で8〜10分煮る。

❹煮つめる

弱火〜中火で煮続けて煮汁がどろっとなり、木べらでまぜたときに、なべの底が一瞬見えるくらいになったらできあがり。食塩を入れてまぜあわせる。

❺冷ます

バットにうつし、冷ます。少し置いておく場合は、かたくしぼったぬれぶきんをかけておくと乾燥しない。

つぶあん

さくいん

あ

青えんどう豆	4,34,35,37,39
青大豆	28
赤えんどう豆	4
赤みそ	7
あげどうふ	17
あずき	5,34,35,36,39,40,45
厚あげ	17
油あげ	17,29
安倍川もち	28
甘口みそ	7
甘なっとう	5,34
あん	5,30,31,35,36,39,45
あんパン	36, 2巻 21
いとこ煮	40
いり豆	5,29,32
いんげん豆	5,34,35,37,41
うぐいすあん	4,35,36
うぐいす豆	37
淡口しょうゆ	10
うずら豆	5,37
枝豆	4,40
えび豆	40
えんどう豆	4,34,35
扇ゆば	15
大福	5
おから	14,18,29,43
おたふく豆	37
おのろけ豆	34
おぼろどうふ	16
オリーブ油	26,41

か

かたどうふ	16
辛口みそ	7
カンジャン	25
乾燥豆	5,29,42,45
乾燥ゆば	15
かんづめ	29,39
がんもどき	17,29
きな粉	28,29
きぬごしどうふ	16
キネマ	24
凝固剤	16,19
金山寺みそ（径山寺みそ）	7
金時豆	5,34
グリーンピース	39
黒大豆	4,28,37
黒豆	4,37
減塩しょうゆ	11
呉	14,18
濃口しょうゆ	10,12
こうじ	6,7,8,9,12,30
こうじ菌	6,8,9,10,12,13,21,30
酵母	9,13,30
高野どうふ	17
こおりどうふ	17,29
コーン油	26
五家宝	28
穀醤	10
こしあん	35,36
五色豆	34
コシャリ	41
コチュジャン	25
五斗なっとう	21
ごま油	26,27
ごまどうふ	18
米油	26
米みそ	6,8
ごもく豆	39

さ

再仕込みしょうゆ	10,11
ささげ	5,35
さらしあん	35
塩辛なっとう	21,24
凍みどうふ	17
しもつかれ	40
ジャンヨウ（醤油）	24
熟成	7,8,9,13,21,23,24,25,30
しょうゆ	4,10,11,12,13,24,25,27,29,37,38,39,40
しょうゆ豆	40
植物油	26
白あん	5,35,36
白いんげん豆	5,35,41
白しょうゆ	10,11
白花豆	37
白みそ	7
そら豆	5,30,32,34,37,40

た

- 大豆……4～16,18,20～29,32,35,39,40,42,43,44
- 大豆油……4,26,27,29
- 大徳寺なっとう……21
- 脱脂大豆……11,12,27,29
- たまごどうふ……18
- 溜しょうゆ……10
- ダルカリー……41
- 淡色みそ……7
- チョウドウフ（臭豆腐）……24
- チョングッチャン……25
- チリコンカーン……41
- つぶあん……35,36,45
- つぶなっとう……20,22
- 鉄火みそ……7
- テンジャン……25
- テンペ……25
- トゥアナオ……25
- トウチ（豆豉）……21,24
- トウチジャン（豆豉醤）……24
- 豆乳……14,15,16,18,19,29,43
- 豆板醤……5,30
- とうふ……4,16,17,18,19,24,29
- トウフカン（豆腐干）……24
- とら豆……5

な

- なたね油……26
- なっとう……20,21,22,23,24,25,29,44
- 生あげ……17,29
- 生ゆば……15
- なめみそ……7
- 奈良茶飯……40
- にがり（苦汁）……19
- 煮豆……4,5,29,37,38
- 練りきり……36, 2巻 11

は

- バイイエ（百頁）……24
- 発酵……8,9,10,11,13,20,21,23,24,25,29,30,44
- 浜なっとう……21
- 春雨……5,31
- ピーナッツバター……5,33
- 引き上げゆば……15
- ひきわりなっとう……20,21
- ひじき豆……39

ま

- ひよこ豆……39,41
- 平ゆば……15
- ひりょうず……17
- フールー（腐乳）……24
- フェジョアーダ……41
- フムス……41
- フライビーンズ……34
- ベイクドビーンズ……39,41
- 干しなっとう……21

ま

- 巻きゆば……15
- 豆おかき……34
- 豆菓子……34
- 豆みそ……6
- 豆もち……34
- まんじゅう……36
- みそ……4,6,7,8,9,24,25,27,29,30
- ミックスビーンズ……39
- 麦みそ……6
- 結びゆば……15
- もめんどうふ……16,17,18
- 桃山……36
- もろみ……12,13

や

- 焼きどうふ……17,29
- ゆば……15,29,43
- ようかん……36
- 寄せどうふ……16

ら

- 落花生……5,26,32,33,34,35,40
- 緑豆……5,31
- レンズ豆……41

本シリーズでは、同じ食品を他巻でもとりあげています。青い色の数字は、その食品の他巻での掲載ページをあらわしています。

監修

石谷孝佑（いしたに たかすけ）

1943年鳥取県生まれ。1967年東京農工大農学部卒、農林水産省食品総合研究所入所。1980年食品包装研究室長。1981年農林水産技術会議事務局研究調査官。1996年農業研究センター作物生理品質部長。1999年国際農林水産業研究センター企画調整部長。2005年より日本食品包装研究協会会長。編著書に『原色食品加工工程図鑑』（建帛社）、『微生物から食べ物を守る』『食品加工総覧』（農文協）、『米の事典』（幸書房）、『食品と乾燥』『食品と熟成』（光琳）など多数。監修にポプラディア情報館『米』『日本の農業』（ポプラ社）がある。

編集・製作
株式会社 童夢

編集協力
NEKO HOUSE

イラスト
冬野いちこ

地図
オクタント

装丁・レイアウト
画工舎

撮影
上林徳寛

取材・写真協力
●浦田農園（P4-5）●株式会社ヤマイチ味噌（P8-9）●しょうゆPR協議会、キッコーマン株式会社（P10-11）●有限会社宮醬油店（P12-13）●株式会社フードケミファ、ソヤファーム株式会社、株式会社美盛（P14、P29）●湯葉寅、北の麩本舗（株式会社小山製麩所）（P15）●北新豆腐店、株式会社福島放送（P17）●株式会社おとうふ工房いしかわ（P18-19）●つくば納豆製造本舗（P21）●株式会社保谷納豆、株式会社ミツカングループ本社（P22-23）●旅音（P24）●株式会社Jオイルミルズ、有限会社鹿北製油（P26-27）●川光物産株式会社、大塚製薬株式会社（P28）●秋田県山本地域振興局農林部普及指導課、株式会社古樹軒（P30）●奈良食品株式会社（P31）●千葉県庁生産販売振興課（P32）●有限会社大津屋商店（P33）●株式会社十勝（P34）●株式会社北條製餡所（P36）●フジッコ株式会社（P38）●いなば食品株式会社、キユーピー株式会社、清水食品株式会社、株式会社サンヨー堂、パルシステム連合会、日本生活協同組合連合会（P39）●株式会社清川屋、栃木県農政部農政課、有限会社フクヤ商店、小林秀人、大西食品株式会社、山口県観光課、奈良県庁農林部マーケティング課、有限会社田村淡水（P40）

食べものはかせになろう！❶
豆からつくる食べもの

2010年3月　第1刷ⓒ
2022年1月　第11刷
発行者　　千葉 均
編集　　　小原解子
発行所　　株式会社　ポプラ社
　　　　　〒102-8519
　　　　　東京都千代田区麹町4-2-6　8・9F
　　　　　ホームページ　www.poplar.co.jp
印刷・製本　図書印刷株式会社

ISBN 978-4-591-11608-1
N.D.C.619/47P/28×22cm
Printed in Japan

本書の内容の一部または全部を、無断複写、複製、転載することを禁じます。
落丁・乱丁本はお取り替えいたします。
電話（0120-666-553）または、ホームページ（www.poplar.co.jp）のお問い合わせ一覧よりご連絡ください。
※電話の受付時間は、月～金曜日10時～17時です（祝日・休日は除く）。
みなさんのおたよりをお待ちしております。おたよりは監修者、執筆者へお渡しいたします。

P7086001

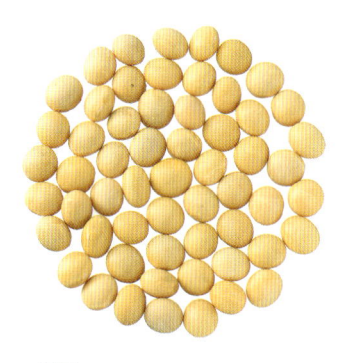

ポプラ社はチャイルドラインを応援しています
18さいまでの子どもがかけるでんわ
チャイルドライン®
0120-99-7777
毎日午後4時～午後9時 ※12/29～1/3はお休み
電話代はかかりません　携帯（スマホ）OK
チャット相談はこちらから

すがたを変える食べもののひみつがわかる！

食べものはかせになろう！ 全5巻

① 豆からつくる食べもの
みそ・しょうゆ・とうふ・なっとう・あん… など

② 米・麦からつくる食べもの
もち・せんべい・パン・うどん・そば… など

③ 牛乳・肉・たまごからつくる食べもの
ヨーグルト・チーズ・ハム・ベーコン・マヨネーズ… など

④ 魚・海そうからつくる食べもの
干もの・かまぼこ・かつお節・のり・寒天… など

⑤ 野菜・くだものからつくる食べもの
ソース・ジャム・こんにゃく・チョコレート… など

小学校中学年～中学向き
A4変型判各47ページ
図書館用特別堅牢製本図書
N.D.C.600（加工食品）